Sitzungsberichte der Heidelberger Akademie der Wissenschaften
Mathematisch-naturwissenschaftliche Klasse
Jahrgang 1993/94, 5. Abhandlung

Rolf Gleiter

Spannende und gespannte Moleküle

Vorgetragen in der Sitzung vom 7. Mai 1994

Springer-Verlag

Berlin Heidelberg New York
London Paris Tokyo
Hong Kong Barcelona
Budapest

Prof. Dr. Rolf Gleiter
Organisch-Chemisches Institut
der Universität Heidelberg
Im Neuenheimer Feld 270
69120 Heidelberg

Die Deutsche Bibliothek – CIP-Einheitsaufnahme
Heidelberger Akademie der Wissenschaften / Mathematisch-Naturwissenschaftliche Klasse: Sitzungsberichte der Heidelberger Akademie der Wissenschaften, Mathematisch-Naturwissenschaftliche Klasse. – Berlin; Heidelberg; New York; London; Paris; Tokyo; Hong Kong; Barcelona; Budapest: Springer
Früher Schriftenreihe
Jg. 1993/94, Abh. 5. Gleiter, Rolf: Spannende und gespannte Moleküle. – 1994
Gleiter, Rolf: Spannende und gespannte Moleküle: vorgelegt in der Sitzung vom 7. Mai 1994 / Rolf Gleiter. – Berlin; Heidelberg; New York; London; Paris; Tokyo; Hong Kong; Barcelona; Budapest: Springer, 1994
(Sitzungsberichte der Heidelberger Akademie der Wissenschaften, Mathematisch-Naturwissenschaftliche Klasse; Jg. 1993/94, Abh. 5)

ISBN-13: 978-3-540-58707-1   e-ISBN-13: 978-3-642-46813-1
DOI: 10.1007/978-3-642-46813-1

Dieses Werk ist urheberrechtlich geschützt. Die dadurch begründeten Rechte, insbesondere die der Übersetzung, des Nachdrucks, des Vortrags, der Entnahme von Abbildungen und Tabellen, der Funksendung, der Mikroverfilmung oder der Vervielfältigung auf anderen Wegen und der Speicherung in Datenverarbeitungsanlagen, bleiben, auch bei nur auszugsweiser Verwertung, vorbehalten. Eine Vervielfältigung dieses Werkes oder von Teilen dieses Werkes ist auch im Einzelfall nur in den Grenzen der gesetzlichen Bestimmungen des Urheberrechtsgesetzes der Bundesrepublik Deutschland vom 9. September 1965 in der jeweils geltenden Fassung zulässig. Sie ist grundsätzlich vergütungspflichtig. Zuwiderhandlungen unterliegen den Strafbestimmungen des Urheberrechtsgesetzes.

© Springer-Verlag Berlin Heidelberg 1994

Die Wiedergabe von Gebrauchsnamen, Handelsnamen, Warenbezeichnungen usw. in diesem Werk berechtigt auch ohne besondere Kennzeichnung nicht zu der Annahme, daß solche Namen im Sinne der Warenzeichen- und Markenschutz-Gesetzgebung als frei zu betrachten wären und daher von jedermann benutzt werden dürften.

Produkthaftung: Für Angaben über Dosierungsanweisungen und Applikationsformen kann vom Verlag kein Gewähr übernommen werden. Derartige Angaben müssen vom jeweiligen Anwender im Einzelfall anhand anderer Literaturstellen auf ihre Richtigkeit überprüft werden.

Spannende und gespannte Moleküle

Rolf Gleiter

Einleitung

In der zweiten Hälfte des 19. Jahrhunderts wurde die Strukturtheorie der Organischen Chemie entwickelt. Wichtige Beiträge hierzu lieferten A. Kekulé und A. S. Couper, indem sie die Vierbindigkeit des Kohlenstoffs erkannten (1858)[1]. Es folgte der Vorschlag von A. Kekulé (1865), daß Kohlenstoff Ringe bilden kann[2], und 1874 postulierten J. H. van't Hoff und J. A. LeBel, daß vierfach koordinierter Kohlenstoff Tetraedergeometrie besitzen sollte[3].

Diese theoretischen Vorstellungen erlaubten es, die Struktur einer Vielzahl organischer Verbindungen korrekt zu bestimmen. Auffallend war, daß viele Strukturen Sechsringe enthielten, während kleinere Ringe um diese Zeit unbekannt waren. Im Jahr 1876 hat Viktor Meyer darauf hingewiesen[4], daß alle seine Versuche zur Synthese von Dreiringen nur zu ungesättigten offenkettigen Verbindungen führten. Auch später, 1882, als der junge englische Chemiker W. H. Perkin im Labor von A. v. Baeyer sich anschickte, Drei- und Vierringe zu synthetisieren, warnte ihn Victor Meyer[5]. W. H. Perkin ließ sich aber nicht abhalten, er fand 1884 einfache Wege zu Cyclopropan- und Cyclobutanderivaten[6].

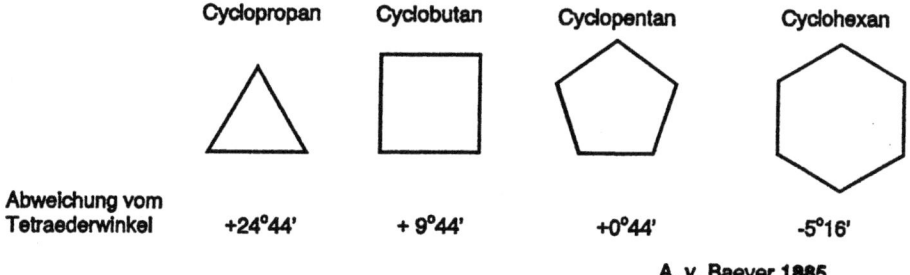

Formel 1

Die Beobachtung, nach der Sechsringe häufig gebildet werden, Drei- und Vierringe dagegen seltener, führte 1885 A. von Baeyer zu seiner Spannungstheorie[7]. Aufgrund einfacher geometrischer Überlegungen schloß er, daß die Abweichungen vom Tetraederwinkel beim Cyclopropan 24°,44', beim planaren Cyclobutan 9°,44', beim planaren Cyclopentan 0°,44' und beim planaren Cyclohexan 5°, 16' sein sollten (vgl. Formel 1). Diese Abweichungen verursachen eine zusätzliche Spannung im Molekül. Als kurz darauf W. H. Perkin zeigte, daß Fünfringe leicht herzustellen und stabil sind, wertete dies v. Baeyer als Erfolg seiner Theorie.

Die Chemiker Sachse (1890)[8] und Mohr (1918)[9] erweiterten die Baeyersche Spannungstheorie dadurch, daß sie auch nichtplanare Formen zuließen. So kann der Sechsring in einer Sesselform spannungsfrei sein, ähnlich wie auch höhergliedrige Ringe. Diese Erkenntnisse wurden von den Chemikern nur sehr widerstrebend akzeptiert.

Beiträge zur Molekülspannung

Seit der Spannungstheorie A. von Baeyers und der Synthese der ersten gespannten Kohlenwasserstoffe sind über 100 Jahre vergangen. In dieser Zeit wurden unsere Vorstellungen von der Spannung der Moleküle stark erweitert und verfeinert.[10]

Durch die exakte Messung der Verbrennungswärme einer organischen Verbindung und die daraus berechnete Bildungswärme lassen sich Zahlen für Spannungsenergien erhalten. Die Spannungsenergie ist eine relative Größe und wird definiert als Differenz der Bildungswärme zwischen dem gespannten Molekül und dem eines spannungsfreien Moleküls mit derselben Zahl und Anordnung von Atomen. Exakte Zahlen für Cyclopropan und Cyclobutan lagen erst 1949 bzw. 1950 vor. Solche Zahlen erlaubten es, das Konzept der Spannung zu erweitern.

Man unterscheidet heute zwischen *Baeyerscher Winkelspannung, Spannung durch Bindungslängenänderung, Torsionsspannung und nichtbindenden Wechselwirkungen*, sie hängen voneinander ab (vgl. Abb. 1).

Die Torsionsspannung kommt dadurch zustande, daß die Stellung der H- Atome „auf Lücke" im Ethan gegenüber der sogenannten „verdeckten" Stellung um 3 kcal günstiger ist.

Die nicht bindende Wechselwirkung verursacht beim Propan eine Winkelaufweitung am zentralen Kohlenstoff auf 112° und beim s-cis-Butan beträgt der C-C-C Winkel 116° infolge nichtbindender Wechselwirkung. Dieselbe Wechselwirkung ist auch die Hauptursache dafür, daß sich Cycloalkane der Ringgröße C_8- C_{12} relativ mühsam darstellen lassen. Die in das Innere gerichteten H-Atome des Cyclooctans und des Cyclodecans führen zu einer Abstoßung (vgl. Formel 2).

Spannung

Winkeldeformation
(Baeyer)

Längendeformation

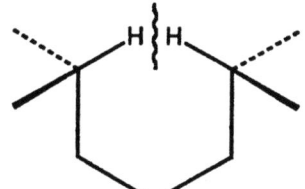

Torsionsspannung

Nichtbindende
Wechselwirkung

Abb. 1. Verschiedene Komponenten der Molekülspannung

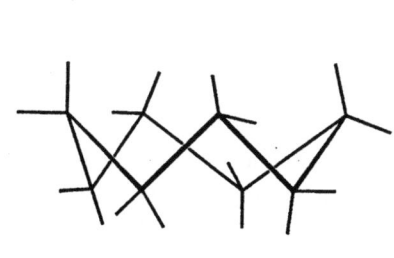
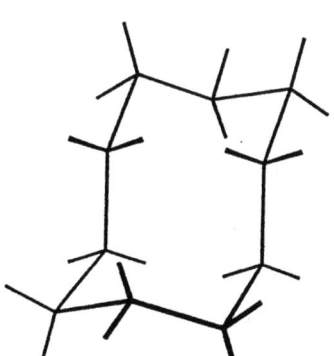

Cyclooctan

Cyclodecan

Formel 2

Neuere Entwicklungen

Ab der Mitte des 20. Jahrhunderts wurden zwei Fragen intensiv bearbeitet.

a) Wie lassen sich die Bindungsverhältnisse in gespannten Systemen beschreiben? und

b) Wieviel Spannung verträgt ein existenzfähiges Molekül überhaupt?

Zur Beantwortung der ersten Frage wurden zwei äquivalente Bindungsmodelle aufgestellt. Das eine, von Coulson und Moffit[11] bzw. T. Förster[12], geht von lokalisierten Bindungen aus. Das von Walsh[13] nimmt delokalisierte Bindungen an. Beide sagen aber gleichermaßen aus (Abb. 2), daß die Bindungen beim Cyclopropan und auch beim Cyclobutan gebogen sein sollten (banana-bonds).

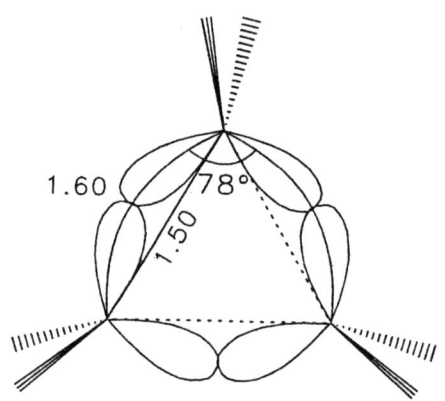

Abb. 2. „Gebogene" Bindungen beim Cyclopropan

Definiert man die chemische Bindung als die Kurve größter Elektronendichte zwischen zwei Atomen, so ist dies beim Cyclopropan nicht wie bei den „normalen" Verbindungen eine Gerade, sondern, wie in Abb. 2 gezeigt, eine gebogene Linie. Die Bindung ist beträchtlich länger (1.60 Å) als bei normalen Kohlenwasserstoffen (1.54 Å). Der Bindungswinkel im Cyclopropan beträgt nach dieser Definition nicht 60° sondern 78°. Zu experimentellen Stützen für dieses Modell sei auf das nächste Kapitel verwiesen.

In Abb. 3 sind die Spannungsenergien (SE) einer Reihe von Molekülen aufgezeigt[10b]. Mit Ausnahme des unsubstituierten Tetrahedrans sind alle synthetisiert worden. Wie erwartet, steigt mit zunehmender Anzahl der deformierten Bindungen die Spannungsenergie. Interessant ist, daß hier Spannungsenergien erhalten werden, die die Energie zur Spaltung einer C,C-Einfachbindung (84 kcal/mol) übertreffen.

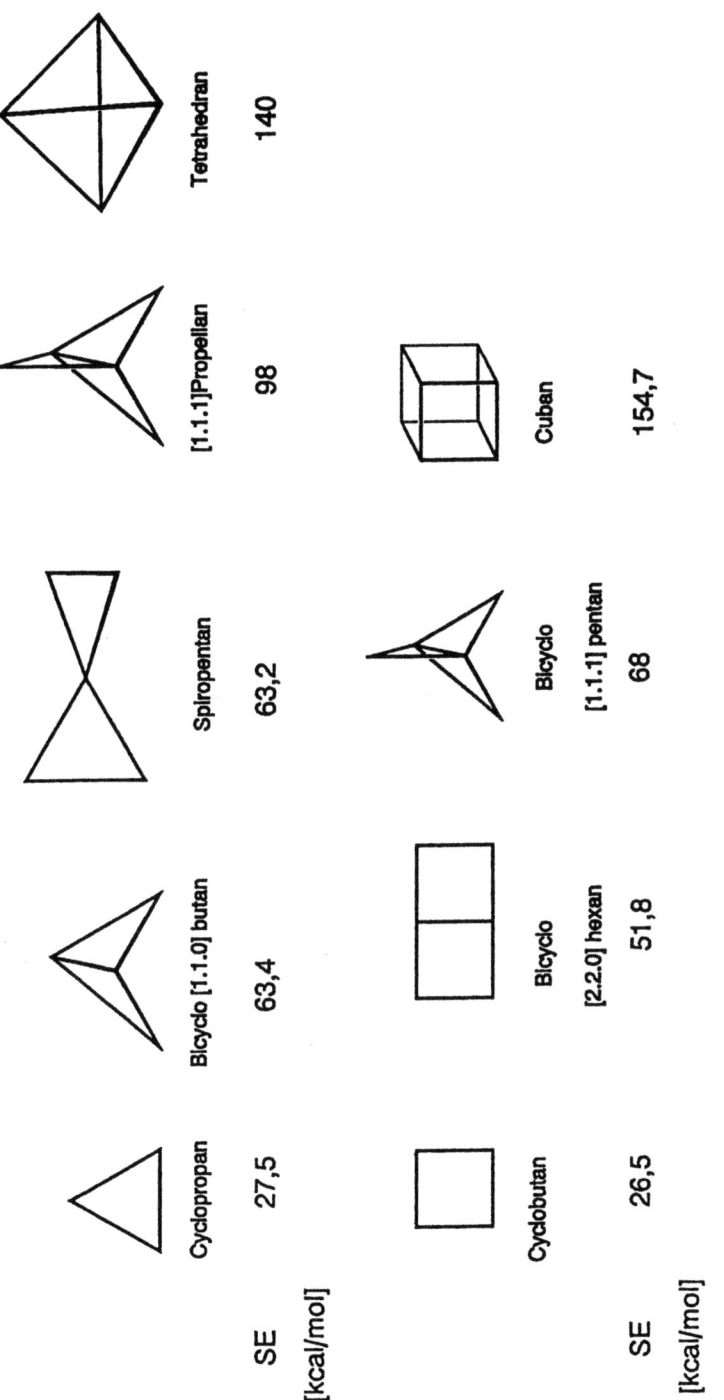

Abb. 3. Berechnete Spannungsenergien (SE) von Molekülen mit Drei- bzw. Vierringen als Bauelemente

Konsequenzen der Spannung für die Reaktivität

Die gebogenen Bindungen bedingen eine leichtere „Verfügbarkeit" der Valenzelektronen. Dies zeigt z.B. der Vergleich der ersten Ionisierungsenergien von Cyclopropan (I_{vj} = 10.6 eV) mit denen von Propan ($I_{v,j}$ = 11.5 eV) und dem ungesättigten Ethen (10.5 eV). Mit diesen Daten in Übereinstimmung sind die Ergebnisse der Solvolyse von Cyclopropylverbindungen. Sie verlaufen um den Faktor 10^8–10^{11} schneller als bei entsprechenden Vergleichsverbindungen. Die geringere Festigkeit der Valenzelektronen spiegelt sich auch in der Dissoziationsenergie des Moleküls wider. Die Dissoziationsenergie „normaler" C-C Einfachbindungen beträgt 84 kcal/mol, beim Cyclopropan mißt man 65 kcal/mol.

Tabelle 1. Freie Aktivierungsenergie für die thermische Umlagerung von drei Verbindungen mit einer 1,5-Hexadieneinheit

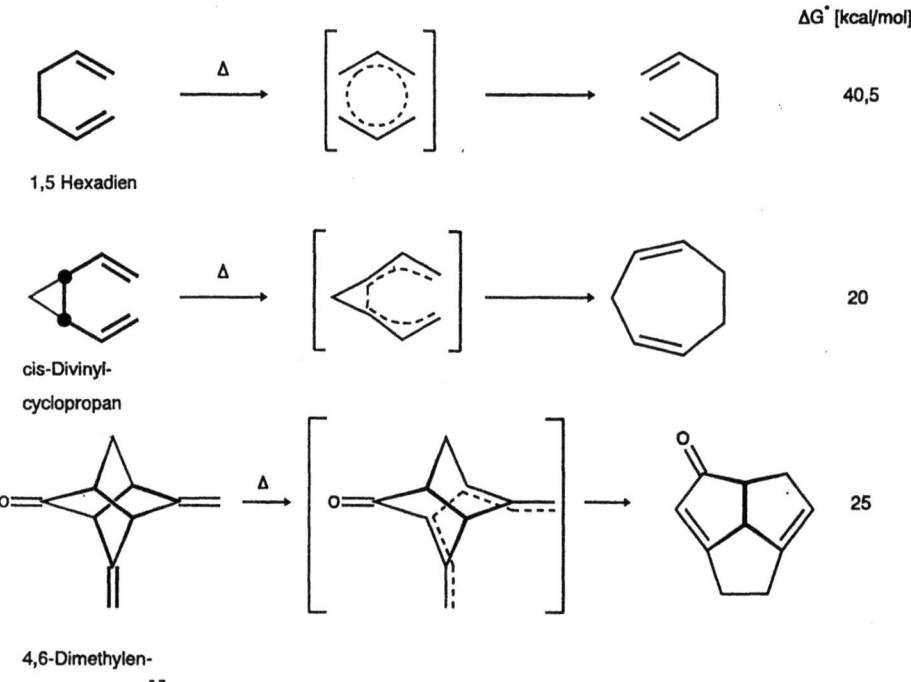

Die geringere Festigkeit der Valenzelektronen hat damit auch verschiedene Konsequenzen für die Reaktivität der gespannten Verbindungen: Cyclopropan reagiert bereits bei Zimmertemperatur mit Brom zum 1,3-Dibrompropan. Die Aktivierungsenergie thermischer Umlagerungen wird drastisch herabgesetzt, wenn

die zu lösende Bindung „gespannt" ist. In Tabelle 1 sind die freien Aktivierungsenthalpien für drei Verbindungen angegeben, die alle eine 1,5-Hexadieneinheit enthalten. Durch Ersatz der normalen C,C-Einfachbindung im 1,5-Hexadien durch die gespannte Einfachbindung eines Dreirings im cis-Divinylcyclopropan (Mitte) wird die freie Aktivierungsenthalpie drastisch reduziert. Bei 4,6-Dimethylentricyclo[3.3.0.0^{3,7}]-oktan-2-on (untere Zeile) ist dies zunächst nicht einsichtig, denn es handelt sich hier ja um Fünf- bzw. Sechsringe. Beim genaueren Betrachten der Strukturdaten[14] sehen wir aber (Abb. 4), daß die Winkel von 109° bzw 120° auf ca. 90° deformiert sind und daß die zentralen Bindungen auf 1.61 Å gedehnt sind. Das Molekül weist also in der Mitte eine Sollbruchstelle auf. Dieses Beispiel zeigt, daß Spannung nicht nur bei Drei- und Vierringen auftritt.

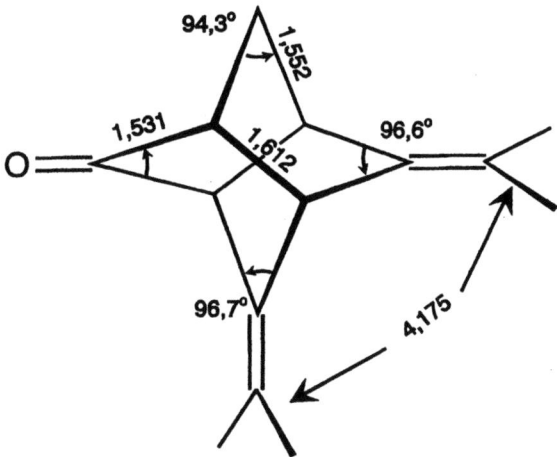

Abb. 4. Bindungslängen und Bindungswinkel in 4,6-Diisopropylidentricyclo[3.3.0.03,7]-oktan-2-on[14]

Analog zu einem gespannten Bogen, bei dem beim Abschießen Energie auf den fliegenden Pfeil übertragen wird, findet sich der höhere Energieinhalt gespannter Systeme in der gesteigerten Reaktivität dieser Systeme. Es ist die Kunst des Chemikers, diese teilweise hohe Energie nicht auf einmal freiwerden zu lassen, sondern sie stufenweise zu nutzen. So lassen sich energiereiche Systeme, wie das Prisman, je nach den Bedingungen in das Dewarbenzol oder das Benzvalen und anschließend in das Benzol umwandeln (vgl. Schema 1).

Die Röntgenstrukturanalyse von zwei Prismanderivaten (Abb. 5) zeigt für den Dreiring einmal gleich lange und einmal verschieden lange Bindungen[15]. Das Vorhandensein der Estergruppen bedingt einen Elektronenzug, der die anliegenden

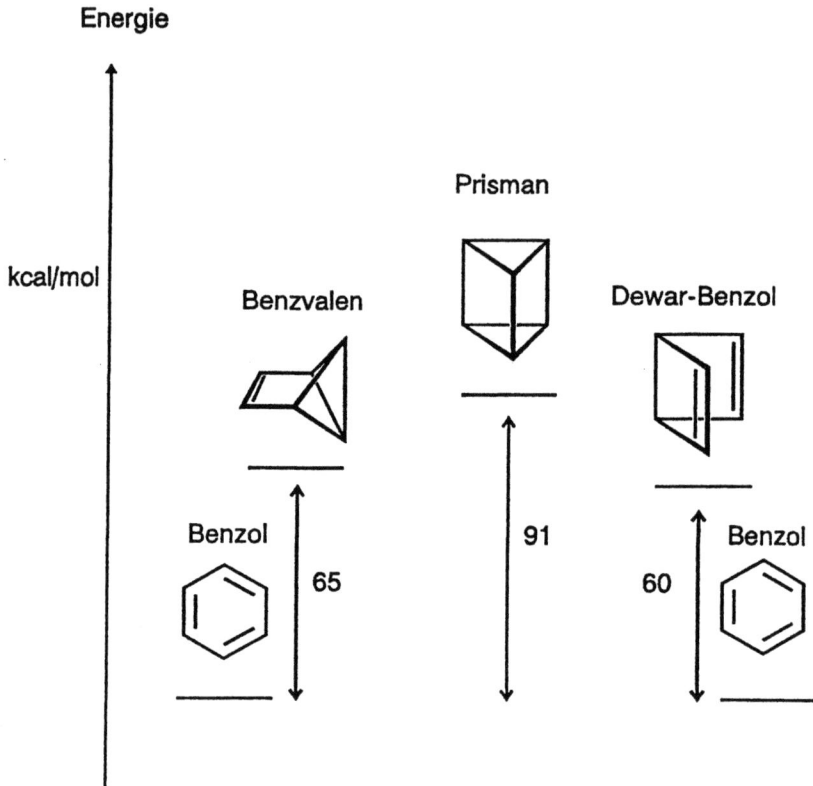

Schema 1

Bindungen verlängert und die gegenüberliegenden Bindungen in den Dreiringen verkürzt. Reduziert man die Estergruppen zum Alkohol, so ist kein Elektronenzug mehr vorhanden. In Abb. 6 sind die sogenannten Differenzelektronendichten[16] für den Dreiring und einen Vierring des Prismanderivates gezeigt[17]. Sie wurde erhalten durch Subtraktion der berechneten Elektronendichte für nicht gebundene Atome unter Annahme einer kugelsymmetrischen Verteilung von der Gesamtelektronendichte des Moleküls. Letztere ist durch die Röntgenstruktur-Untersuchung erhältlich. Die Differenzelektronendichten zeigen deutlich die gebogenen Bindungen des Drei- und Vierrings (vgl. Abb. 2 mit 6).

Beim Bestrahlen des Prismans mit den Estergruppen öffnen sich nur die langen Bindungen, die kurzen nicht. Beim Bestrahlen des Prismans mit den Alkoholgruppen entstehen die Produkte, die man erwartet, wenn alle Bindungen gleichberechtigt sind[15].

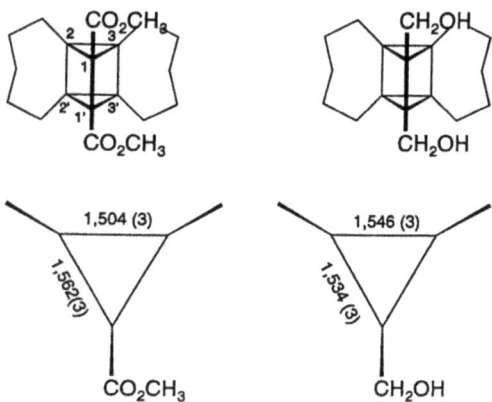

Abb. 5. Bindungslängen zweier Prismanderivate[15]

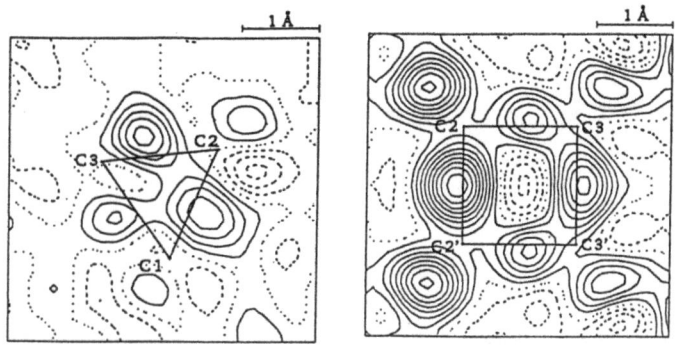

Abb. 6. Differenzelektronendichten des Dreirings und des Vierrings (C(2), C(3), C(31), C(2')) des Prismandicarbonsäureesters in Abb. 5[17]

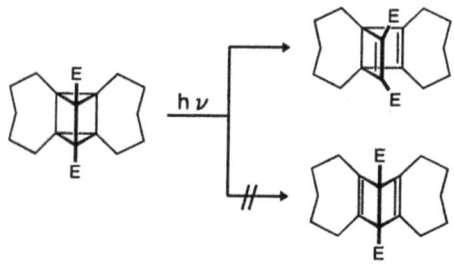

Schema 2

Gespannte Käfigmoleküle mit Relaisfunktion

Bei der Photosynthese gelangen Elektronen von einem Donor-Molekül über größere Distanzen zu einem Akzeptor-Teil, vermutlich über das dazwischen liegende sogenannte σ-Gerüst. Deshalb sind Untersuchungen zum Elektronentransfer zwischen zwei π-Systemen als Funktion der Länge und der Art des σ-Systems von allgemeinem Interesse. Besonders interessante Ergebnisse erwarten wir dann, wenn unser σ-System aus gespannten Bindungen besteht.

Zum Nachweis der Wechselwirkung kann man bequem die Photoelektronenspektroskopie benutzen. Bei dieser Methode werden mit einer konstanten Lichtquelle (z. B. He(I)-Linie = 21.21 eV) Elektronen herausgeschlagen. Die kinetische Energie dieser Elektronen wird gemessen und gibt Auskunft über die Ionisierungsenergie. In den in Schema 3 gezeigten Systemen[18] findet man noch deutliche Wechselwirkungen über Distanzen bis zu 7 Å. Dies legt nahe, solche Systeme als Modelle zum Studium von Elektronentransfer-Prozessen zu benutzen.

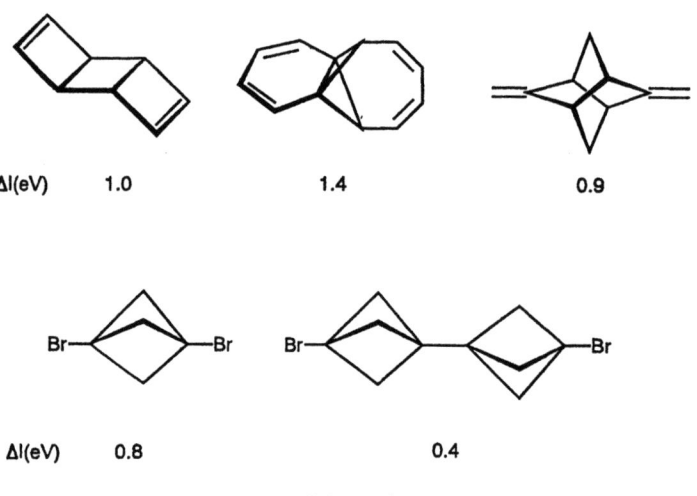

Schema 3

Käfigmoleküle zur Aufklärung des Reaktionswegs

Den Chemiker interessiert nicht nur, *daß* bestimmte Moleküle reagieren, sondern auch *wie* sie reagieren. Die Frage nach dem detaillierten Reaktionsmechanismus ist nicht nur reine wissenschaftliche Neugier; wenn man die Faktoren kennt, die den Reaktionsablauf bestimmen, so kann man diese beeinflussen.

In den letzten Jahren sind hier große Fortschritte von Seiten der Theorie und der Experimentaltechnik gemacht worden. Theoretisch wurde gezeigt[19], daß aus der Symmetrie der Wellenfunktion der reagierenden Moleküle etwas über die Art und Weise der Reaktionspfade ausgesagt werden kann. Es soll hier nur ein Beispiel herausgegriffen werden, die für Synthetiker interessante [2+2] Cycloadditionen von einem α,ω-Dien. Man beobachtet in der Regel bei einer Propanobrücke eine „Kopf-Kopf" Cycloaddition, im Falle einer Ethanobrücke aber eine Kopf-Schwanz Cycloaddition[20]. Als Beispiel seien die Ergebnisse an 1,5-Hexadien (Ethanobrücke) und 1,6-Heptadien (Propanobrücke) gezeigt (vgl. Schema 4). Quantenchemische Rechnungen zum Ablauf dieses Prozesses zeigen, daß die Ethanobrücke eine Umkehr der Sequenz der höchsten Molekülorbitale bedingt, d. h. elektronische Gründe sollten bei diesem Prozeß dominieren[21]. Anhand der in Schema 4 gezeigten Beispiele ist die Aussage aber nicht eindeutig, denn die geringere Torsionsspannung in Konformation B des 1,5-Hexadiens begünstigt ebenfalls eine „Kopf-Schwanz"-Cycloaddition.

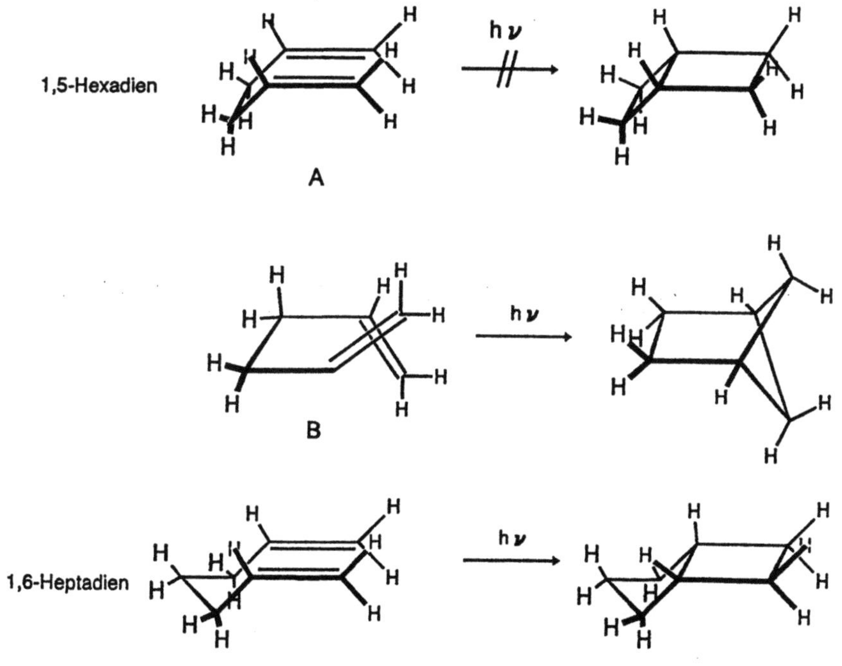

Schema 4

Um Unterschiede in der Torsionsspannung auszuschalten, wurden die starren Käfigmoleküle in Schema 5 synthetisiert. Sie unterscheiden sich dadurch, daß im cis-Octamethyltricyclo[4.2.0.0^{2,5}]octa-3,7-dien die beiden Doppelbindungen nun durch zwei starre Ethanobrücken verknüpft sind. Im zweiten Beispiel sind die Doppelbindungen durch zwei Ethano- und zwei Propanobrücken verknüpft. Die Belichtung ergibt im Falle des cis-Octamethyltricyclo[4.2.0.0^{2,5}]octa-3 7-diens das Octamethylcunean[22], im Falle des Käfigmoleküls ein vierfach überbrücktes Cuban[23]. Diese Experimente bekräftigen, daß bei der [2+2]Cycloaddition von überbrückten Doppelbindungen der elektronische Effekt der Brücke wichtig ist.

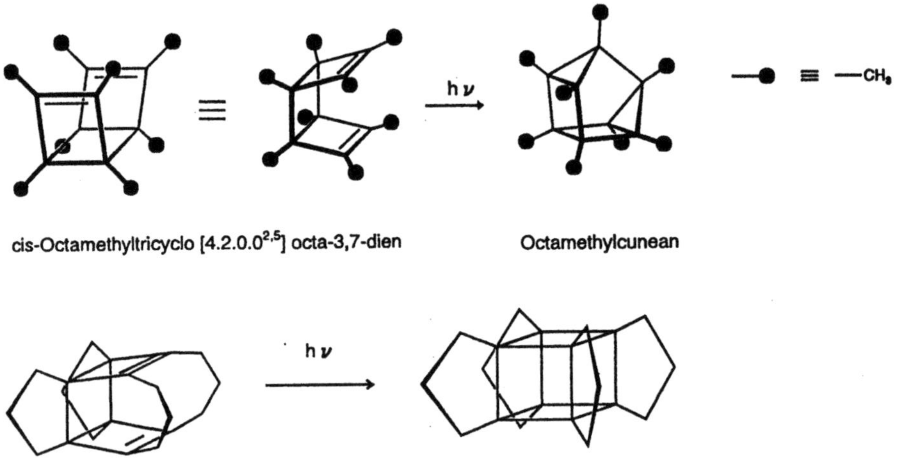

cis-Octamethyltricyclo [4.2.0.0^{2,5}] octa-3,7-dien   Octamethylcunean

Schema 5

Vorkommen und Anwendung gespannter Systeme

Gespannte Systeme sind nicht nur Kunstprodukte aus dem Labor, sie kommen auch in der Natur vor. Naturprodukte mit Dreiringen sind die Pyrethroide, die in den Pyrethrumarten vorkommen und heute als Insektizide eingesetzt werden. Weiterhin kommen sie in Pheromonen und Pilzinhaltsstoffen vor (vgl. Formel 3).

Auch Vierringe finden sich in der Natur. Hier sind das α-Pinen zu nennen, das den überwiegenden Teil des Terpentinöls bildet. Als Beispiel für heterocyclische Vierringe seien die Penicilline genannt (vgl. Formel 3).

Trotz der erhöhten Reaktivität der gespannten Systeme finden sich noch wenig Anwendungen in der Technik. Hauptursache dafür sind die hohen Kosten der Herstellung gespannter Systeme. Beispiele für die Anwendung sind die Polymerisationen unter Ringöffnung von gespannten Kohlenwasserstoffen, wie 1-Methylcyclobuten zu Kautschuk oder von Epoxiden zu Epoxidharzen.

Pyrethrin

α-Pinen

Penicillin

Formel 3

Schlußbemerkungen

Die Behandlung gespannter Systeme durch die Theorie führte zu einem tieferen Verständnis der chemischen Bindung. Sie führte auch dazu, daß Modelle zur Berechnung der Bildungsenthalpie und der Spannungsenergie aufgestellt wurden. Die Ausführungen zeigen, daß die Synthetiker den Theoretikern in nichts nachstanden. In den vergangenen 20 Jahren wurden hochgespannte Systeme synthetisiert, von denen Baeyer und Perkin noch nicht einmal zu träumen wagten. Dies bedurfte neuer Synthesemethoden und neuer Nachweismethoden. Gespannte Käfigmoleküle erwiesen sich in den letzten Jahre als gute Modellsubstanzen zum Studium von Wechselwirkungen und um postulierte Reaktionsmechanismen zu testen. Die Spannung, die die Synthese und Untersuchung von gespannten Molekülen in das Leben der Chemiker gebracht hat und noch bringt, hat sich durch viele neue Erkenntnisse ausgezahlt.

Literatur

1. Kekulé A (1858) Justus Liebigs Ann.Chem. 106: 129, Couper, M. A. (1858), Comptes Rendues 46:1157
2. Kekulé A (1865) Bull.Soc.Chim. France 3, 98
3. Van't Hoff JH (1874) Bull. Soc.Chim. France 23: 295, Le Bel J. A. (1874) Bull.Soc.Chim. France 22:337

4. Meyer V (1876) Justus Liebigs Ann.Chem. 180: 192
5. Perkin WH (1929) J.Chem.Soc. 1347
6. Perkin WH (1884) Ber.Dtsch.Chem.Ges. 17: 323
7. von Baeyer A (1885) Ber.Dtsch.Chem.Ges. 18: 2278
8. Sachse H (1890) Ber.Dtsch.Chem.Ges. 23: 1363
9. Mohr E (1918) Ber.Dtsch.Chem.Ges. 315
10a. Greenberg A; Liebman JF (1978) Strained Organic Molecules, Academic Press, New York;
10b. Wiberg KB (1986) Angew.Chem. 98: 712;
10c. De Meijere A (1979) Angew.Chem. 91: 867;
10d. Rüchardt C; Beckhaus H-D (1985) Angew.Chem. 97: 591,
11. Coulson CA; Moffit WE (1947) J.Chem.Phys. 15: 151
12. Förster T (1939) Z.Phys.Chem. B43: 58.
13. Walsh AD (1949) Trans.Faraday Soc.1 45: 179
14. Siemund V; Irngartinger H; Sigwart C; Kissler B; Gleiter R (1993) Acta Cryst. C49: 57
15. Gleiter R; Irngartinger H; Oeser T; Treptow B (1994), J. Org. Chem. 39: 2787.
16. Dunitz J (1979) X-Ray Analysis and the Structure of Organic Molecules, Cornell University Press, Ithaca, 391 ff.
17. Irngartinger H; Oeser T (1994) Acta Cryst.Sect.B. 50: 459
18. Gleiter R; Schäfer W (1990) Acc.Chem.Res. 23: 369
19. Woodward RB; Hoffmann R (1970) The Conservation of Orbital Symmetry, Verlag Chemie Weinheim
20. Srinivasan R; Carlough KH (1967) J.Am.Chem.Soc. 89: 4932
21. Gleiter R; Sander W (1985) Angew.Chem 97: 575
22. Gleiter R; Brand S (1994) Tetrahedron Lett. 35: 4969
23. Gleiter R; Karcher M (1988) Angew.Chem. 100: 851

Sitzungsberichte der Heidelberger Akademie der Wissenschaften
Mathematisch-naturwissenschaftliche Klasse

Die Jahrgänge bis 1921 einschließlich erschienen im Verlag von Carl Winter, Universitätsbuchhandlung in Heidelberg, die Jahrgänge 1922–1933 im Verlag Walter de Gruyter & Co. in Berlin, die Jahrgänge 1934–1944 bei der Weißschen Universitätsbuchhandlung in Heidelberg. 1945, 1946 und 1947 sind keine Sitzungsberichte erschienen.
Ab Jahrgang 1948 erscheinen die „Sitzungsberichte" im Springer-Verlag.

Inhalt des Jahrgangs 1990:

1. M. Becke-Goehring. Freunde in der Zeit des Aufbruchs der Chemie. Der Briefwechsel zwischen Theodor Curtius und Carl Duisberg. DM 48,-.
2. G. Conte, F. Giannessi. M. Cornali. Hemodynamics and the Development of Certain Malformations of the Great Arteries. – B. Chuaqui. Comments. DM 19,-.
3. F. Linder, J. Steffens, M. Ziegler. Surgical Observations and Their Consequences. DM 15,-.
4. A. Mangini, A. Eisenhauer, P. Walter. The Relevance of Manganese in the Ocean for the Climatic Cycles in the Quaternary. DM 18,-.
5. H. Mohr. Der Stickstoff - ein kritisches Element der Biosphäre. DM 25,-.
6. F. Vogel. Humangenetik und Konzepte der Krankheit. DM 18,-.
7. H. Zehe. „Gott hat die Natur einfältig gemacht, sie aber suchen viel Künste". Goethes Reaktion auf die Fraunhoferschen Entdeckungen. DM 26,50.

R. Bernhardt. Z. Feng. J. Siegrist. P. Cremer, Y. Deng. G. Dai. G. Schettler. Die Wuhan Studie. Eine prospektive Vergleichsstudie über Risikofaktoren und Häufigkeit der koronaren Herzerkrankung bei 40- bis 60jährigen chinesischen und deutschen Arbeitern. Supplement. DM 42,-.

K. Beyreuther, G. Schettler (Eds.). Molecular Mechanisms of Aging. Supplement. DM 54,-.

J. Harenberg. D. L. Heene. G. Stehle, G. Schettler (Eds.). New Trends in Haemostasis. Coagulation Proteins, Endothelium. and Tissue Factors. Supplement. DM 68,-.

Inhalt des Jahrgangs 1991:

1. F. Räbiger. Absolutstetigkeit und Ordnungsabsolutstetigkeit von Operatoren. DM 38,-.
2. B. Chuaqui. Über den Krankheitsbegriff - dargestellt an der Typologie menschlicher Mißbildungen. DM 29.-.
3. G. Schettler. Gesundheitsrisiken in der Industriegesellschaft. DM 18,-.
4. H. Schaefer. Gefährden Magnetfelder die Gesundheit ? DM 43,-.

W. Doerr. Ars longa. vita brevis. Problemgeschichte kritischer Fragen II. Supplement. Geb. DM 69,-.

G. Schettler, D. Schmähl, T. Klenner (Eds.). Risk Assessment in Chemical Carcinogenesis. Supplement. DM 49.-.

F. Linder (Hrsg.). In memoriam Karl Heinrich Bauer. Feier aus Anlaß des 100. Geburtstages – 26. September 1990. Supplement. Geb. DM 48,-.

W. Morgenstern. M. S. Tschechkovski, E. Nüssel, G. Schettler (Eds.) CINDI - Baseline Evaluation. Supplement. DM 19,50.

W. Doerr, H. Schaefer, H. Schipperges. Anthropologische Grundfragen einer Theoretischen Pathologie.

MIX
Papier aus verantwortungsvollen Quellen
Paper from responsible sources
FSC® C105338

If you have any concerns about our products,
you can contact us on
ProductSafety@springernature.com

In case Publisher is established outside the EU,
the EU authorized representative is:
**Springer Nature Customer Service Center GmbH
Europaplatz 3, 69115 Heidelberg, Germany**

Printed by Libri Plureos GmbH
in Hamburg, Germany